BEI GRIN MACHT SICH IHR
WISSEN BEZAHLT

- Wir veröffentlichen Ihre Hausarbeit,
  Bachelor- und Masterarbeit

- Ihr eigenes eBook und Buch -
  weltweit in allen wichtigen Shops

- Verdienen Sie an jedem Verkauf

Jetzt bei www.GRIN.com hochladen
und kostenlos publizieren

Bibliografische Information der Deutschen Nationalbibliothek:

Die Deutsche Bibliothek verzeichnet diese Publikation in der Deutschen National-bibliografie; detaillierte bibliografische Daten sind im Internet über http://dnb.d-nb.de/ abrufbar.

Impressum:

Copyright © 2017 GRIN Verlag
Druck und Bindung: Books on Demand GmbH, Norderstedt Germany
ISBN: 9783668984202

Dieses Buch bei GRIN:

https://www.grin.com/document/491546

Jonas Unterholzner

Aus der Reihe: e-fellows.net stipendiaten-wissen

e-fellows.net (Hrsg.)

Band 3202

Vitamine und Vitaminverlust. Wie kann man den Vitaminverlust in Lebensmitteln verringern?

GRIN Verlag

GRIN - Your knowledge has value

Der GRIN Verlag publiziert seit 1998 wissenschaftliche Arbeiten von Studenten, Hochschullehrern und anderen Akademikern als eBook und gedrucktes Buch. Die Verlagswebsite www.grin.com ist die ideale Plattform zur Veröffentlichung von Hausarbeiten, Abschlussarbeiten, wissenschaftlichen Aufsätzen, Dissertationen und Fachbüchern.

Besuchen Sie uns im Internet:

http://www.grin.com/

http://www.facebook.com/grincom

http://www.twitter.com/grin_com

Thema der Arbeit:

´Vitamine auf der Flucht´ - Vitamine und Vitaminverlust

Verfasser:

Jonas Unterholzner

Inhaltsverzeichnis   Seite

Verzeichnis der Abbildungen

1 Vorwort

Fragt man Passanten auf der Straße nach der Frucht mit dem meisten Vitamin C, so wird man oft die Antwort „Ist doch offensichtlich! – Das ist die Zitrone!" vernehmen. Doch so klar ist das nicht; denn zur Verwunderung vieler hat nicht die Zitrone den höchsten Vitamingehalt, sondern die süd-amerikanische Acerolakirsche. Dieser Exot beinhaltet mit rund 1500 Milligramm pro 100 Gramm Frucht mehr als das 30-fache an Vitamin C als Citrusfrüchte [23]. Doch auch einheimische Obst- und Gemüsesorten stehen diesen Plantagenfrüchten in nichts nach. So lässt sich beispielsweise auch in Kohlsorten ein unerwartet hoher Vitamingehalt nachweisen.

Doch wie können diese wertvollen Vitamine die Weiterverarbeitung der Lebensmittel unbeschadet überstehen, bevor sie schließlich auf dem Teller landen? – Viele Köchinnen und Köche werden sich diese Frage schon oft gestellt haben. Vor diesem Hintergrund soll im Rahmen dieser Arbeit untersucht werden, welches Ausmaß der Vitaminverlust in Abhängigkeit von verschiedenen gän-gigen Zubereitungsmethoden hat und welche genauen Ursachen demselben zu Grunde liegen. Des Weiteren sollen Auswirkungen aufgezeigt und mögliche Maßnahmen zur Verringerung des Vitaminverlusts dargelegt werden.

Dazu wird folgende Forschungsfrage gestellt:

´Welche Auswirkungen haben verschiedene Verarbeitungsmethoden auf Vitamine bestimmter Lebensmittel und worin liegt die Ursache für die Reduzierung des Vitamingehalts?´

2 Vitamine und Ursachen des Vitaminverlusts

Die Gruppe der Vitamine bezeichnet organische – also kohlenstoffhaltige – Verbindungen, die ein Organismus nicht als Energieträger, sondern für andere lebensnotwendige Funktionen und Prozesse benötigt. Jedoch kann der Körper mit Ausnahme von Vitamin D kein benötigtes Vitamin in ausreichender Menge während des Stoffwechsels erzeugen. Deshalb werden diese Substanzen als essentiell bezeichnet und müssen über die Nahrung aufgenommen werden. Bei einigen Vitaminen genügt eine ausreichende Zufuhr von sogenannten Provitaminen[1], die dann vom Körper selbständig zu Vitaminen synthetisiert werden können [13]. Die Bezeichnung ´Vitamin´ leitet sich vom lateinischen Wort ´vita´ für ´Leben´ und ´Amin´, einem Derivat[2] des Ammoniaks, ab. Bei einem Amin wurden ein oder mehrere Wasserstoffatome durch Alkyl- oder Arylgruppen ersetzt (siehe dazu Abb. 1). Entgegen der heutigen Bedeutung des Begriffs ´Vitamin´ bezog sich dieser früher nur auf das als „lebensnotwendiges Amin" ausgemachte Vitamin B_1, das auch den Namen ´Thiamin´ trägt (TÖPEL, 2015, S. 335). Einzig dieses Vitamin ist chemisch betrachtet ein Amin. So kann man gut das primäre Amin, an dessen Stickstoffatom neben den zwei Wasserstoffatomen zusätzlich ein Pyrimidinring gebunden ist, erkennen (siehe dazu Abb. 2) [4]. Dieser Ring wiederum ist durch eine Methylengruppe an einen Thiazolring gebunden. „Später wurde der Begriff ´Vitamin´ auf alle Verbindungen mit ähnlicher physiologischer Bedeutung ausgedehnt" [26]. So schreibt auch Dr. med. Strunz, es existiere keine einheitliche funktionelle Gruppe der Vitamine, sondern sie höben sich vielmehr in „Größen, Formen und [...] Stoffklassen" voneinander ab (vgl. STRUNZ, 2013, S. 15).

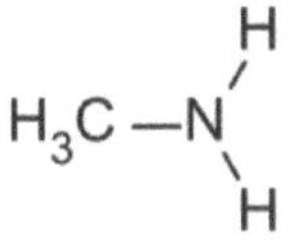

$$H_3C - N \begin{smallmatrix} H \\ \\ H \end{smallmatrix}$$

Abb. 1: Methylamin als Beispiel eines Ammoniakderivats (KAKASHI-MADARA) [7]

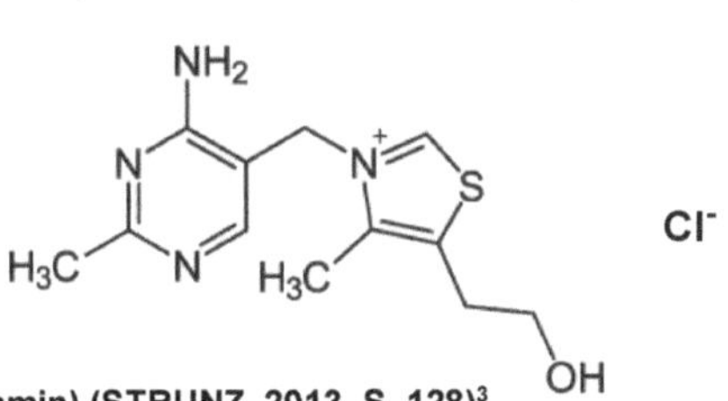

Abb. 2: Vitamin B_1 (Thiamin) (STRUNZ, 2013, S. 128)[3]

---

[1] Vorstufen eines Vitamins
[2] „abgeleiteter Stoff ähnlicher Struktur" [14]
[3] Das Chlorid-Ion dient lediglich zur Neutralisation des positiv geladenen Thiamins.

2.1 Die wichtigsten Vitamine

Nun sollen die bedeutendsten Vitamine genauer durchleuchtet werden. Dazu wird auf Vorkommen, Funktionen, Strukturformeln, empfohlene Aufnahmemenge und Folgen eines Vitaminmangels, sogenannte „Hypovitaminosen", eingegangen (HAHN, 2016, S. 159).

2.1.1 Vitamin A

„In die Gruppe des Vitamin A fallen mehrere leicht unterschiedliche Stoffe [...]. [Zumeist] kommt Vitamin A [...] als Retinol vor", welches deshalb den Hauptvertreter darstellt (STRUNZ, 2013, S. 201). „[A]ber auch die ähnlich aufgebauten Moleküle Retinal und Retinsäure sind wichtiger Bestandteil für viele Funktionen im Körper" (ebd.). Retinol ist ein primärer Alkohol, was sich unschwer an der Hydroxygruppe erkennen lässt (siehe dazu Abb. 3). Neben dieser ist ein Ring aus sechs Kohlenstoffatomen enthalten, der auch β-Iononring genannt wird. Eine Umwandlung dieser drei Verbindungen ist durch Oxidationen möglich, wobei Retinal das zugehörige Aldehyd und Retinsäure die viable Carbonsäure darstellen. Die Wirkstoffe werden „in der Darmwand durch Spaltung von Provitaminen aus der Nahrung gebildet und [bis zum Bedarfsfall] in der Leber gespeichert" (BIERBACH, 2002, S. 715). Die bekanntesten Provitamine A sind α-, β- und γ-Carotin, die allesamt zu den sogenannten Carotinoiden zählen und in Obst und Gemüse stark vertreten sind. Es handelt sich dabei um „die Farbstoffe, die [beispielsweise] knackige Äpfel wunderbar rot und [Karotten orange] machen" (STRUNZ, 2013, S. 201). Vitamin A selbst ist nur in tierischen Produkten enthalten, wie zum Beispiel in äußerst hohem Maße in der Leber von Säugern – besonders in der von Schweinen oder Rindern – und mit 0,1 bis 0,5 mg pro 100g etwas weniger in Milchprodukten und Eiern. Im Körper trägt das Vitamin zur geregelten Reizverarbeitung im Auge, zur Bildung von roten Blutkörperchen sowie zur Zellteilung und vielem mehr bei. Ein Erwachsener sollte 6 bis 10 mg Vitamin A aufnehmen bzw. aus Carotinoiden synthetisieren. Das entspricht in etwa der in einer Karotte enthaltenen Menge an Vitamin A und zugehörigen Provitaminen (vgl. ebd., S. 203; 210).

Bei Mangel an diesem Vitamin können zahlreiche Symptome auftreten: Nachtblindheit, eingeschränkter Geruchssinn, Wachstumsstörungen oder Unfruchtbarkeit. Außerdem erhöht sich das Krebsrisiko. Trotzdem sollte von einer „Hypervitaminose"[4] abgesehen werden, weil auch dadurch gravierende Nebenwirkungen auftreten können (DUNKELBERG, 2012, Titelseite).

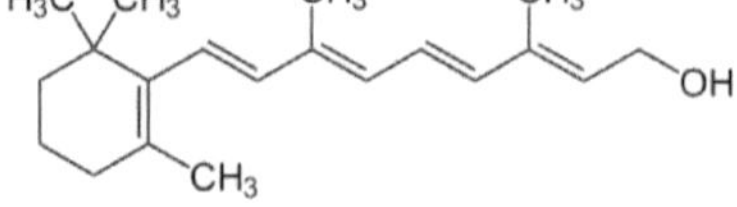

Abb. 3: Vitamin A_1 (Retinol) (STRUNZ, 2013, S. 201)

---

[4] Überdosis

2.1.2 Vitamin B

Oftmals wird angenommen, dass es nur das 'eine' Vitamin B gibt. Aber die B-Familie umfasst insgesamt acht verschiedene Wirkstoffe. „Am bekanntesten sind [das bereits erwähnte] Thiamin (B_1), Riboflavin (B_2), Pyridoxin (B_6) und Cobalamin (B_{12})" (STRUNZ, 2013, S. 126). Daneben gibt es aber noch Niacin (B_3), Pantothensäure (B_5), Biotin (B_7) und Folsäure (B_9). Das Besondere dabei ist, dass alle B-Vitamine eng zusammenarbeiten und als Vorstufen für Coenzyme dienen, welche Enzyme bei ihrer Arbeit unterstützen, indem sie kleine organische Moleküle oder funktionelle Gruppen übertragen [5]. Im Folgenden wird das Hauptaugenmerk in Anbetracht des Umfangs dieses Themas auf die Vitamine B_2 und B_6 gelegt, weil diese auch während der Abläufe im Organismus stark zusammenspielen.

„Riboflavin ist einer der wichtigsten Stoffe zum Transport von Wasserstoff und Elektronen. Diese Eigenschaft macht es [unabdingbar] für den Citratzyklus, [...] mit dem die meisten Lebewesen Energie erzeugen" (STRUNZ, 2013, S. 132). Es wirkt jedoch nicht selbst, sondern stellt das Coenzym für FAD[5] und FMN[6] dar, welche in verschiedensten Atmungsreaktionen als Oxidationsmittel dienen [19]. Chemisch gesehen ist Riboflavin ein Derivat des Pteridins[7]; genauer gesagt besteht es aus einem Isoalloxazin-Ring-System und einer Ribitylseitenkette [22] (siehe dazu Abb. 4). Man sollte nach Empfehlung vieler Experten 20 bis 40 mg an Vitamin B_2 zu sich nehmen, um einen Mangel zu vermeiden. Letzterer äußert sich zumeist durch „[starke] Müdigkeit, entzündete Schleimhäute, [...] juckende Haut und [im Extremfall] Linsentrübung [oder] Depressionen" (STRUNZ, 2013, S.134). Um einer solchen Hypovitaminose vorzubeugen, böten sich laut Dr. med. Strunz Bierhefe (~ 0,40 mg pro 100g), Champignons (~ 0,45 mg pro 100g) und auch Kalbsleber (~ 1,10 mg pro 50g) als wertvolle Vitamin B_2-Lieferanten an. Die Gefahr einer Überdosis sei bei Riboflavin aufgrund der geringen Toxizität sehr klein; im schlimmsten Fall könne es zu einer ungewöhnlichen Orange-Färbung des Urins kommen (vgl. STRUNZ, 2013, S.135).

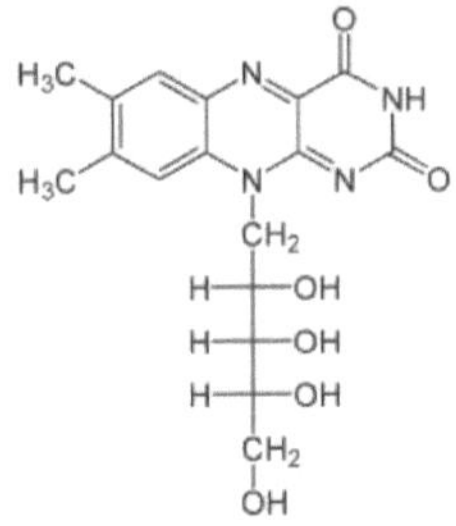

Abb. 4: Vitamin B_2 (Riboflavin)
(STRUNZ, 2013, S. 132)

Wie Riboflavin ist auch Vitamin B_6 „im menschlichen Körper [...] an mehr als 100 enzymatischen Prozessen beteiligt. Eine wichtige Funktion übernimmt [Pyridoxin] im Aminosäurestoffwechsel.

---

[5] Flavin-Adenin-Dinucleotid [3]
[6] Flavinmononucleotid [15]
[7] zweikerniger Aromat [8]

Die Prozesse können aber nur bei einer ausreichenden Versorgung mit Zink und [wie bereits angedeutet] mit Vitamin B_2 ablaufen" (STRUNZ, 2013, S. 145). Auch Vitamin B_6, zu dem neben Pyridoxin auch dessen Derivate Pyridoxal und Pyridoxamin zählen, wirkt als Coenzym und ist beispielsweise als Phosphorsäureester (Pyridoxalphosphat) am „Abbau des Glykogens" beteiligt [17]. Chemisch betrachtet handelt es sich bei Pyridoxin um einen dreiwertigen Alkohol (siehe dazu Abb. 5). Dessen Unterschied zu Pyridoxal und Pyridoxamin besteht in der Art der Seitengruppe, die jedoch immer an einen Pyridin[8]-Ring gebunden ist. Um einem Mangel vorzubeugen, ist eine tägliche Zufuhr an Vitamin B_6 von 10 bis 40 mg ausreichend, wobei beachtet werden sollte, dass Pyridoxin hauptsächlich in pflanzlichen, die zwei anderen Wirkstoffe in tierischen Lebensmitteln vorkommen [18]. So sind Kartoffeln (~ 0,70 mg pro 120g), Bananen (~ 0,60 mg pro 120g), aber auch Fische wie Forelle (~ 0,35 mg pro 100g) reich an Vitamin B_6. Sollte man jedoch eine Hypovitaminose dieses Vitamins erleiden, so drohen einem Blutarmut, Krämpfe, Hautirritationen, eingeschränkte Immunabwehr oder Depressionen und Angstzustände (vgl. STRUNZ, 2013, S.148f). Das Risiko einer Überdosis ist bei normalen Dosen sehr gering; wird aber langfristig eine Vitamin B_6-Zufuhr von mehr als 500 mg pro Tag erreicht, äußert sich diese in neuronalen Störungen.

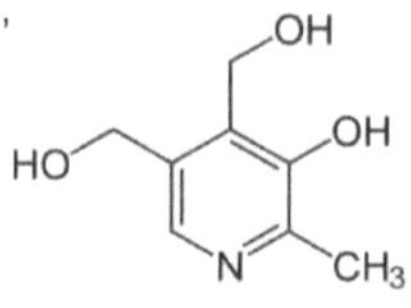

Abb. 5: Vitamin B_6 (Pyridoxin)
(STRUNZ, 2013, S. 145)

Abschließend kann man zu Vitamin B festhalten, dass ein „Arzt bei Mangelsymptomen zumeist nicht genau sagen kann, welcher Stoff aus der B-Familie [einem] fehlt. Deshalb ist es sinnvoll, bei einem gemessenen Vitaminmangel [...] einen sinnvoll kom[binierten] Komplex [zu sich zu nehmen]" (STRUNZ, 2013, S. 126).

2.1.3 Vitamin C

Ascorbinsäure – so die wissenschaftliche Bezeichnung des Vitamin C – ist das wohl bekannteste Vitamin. Was viele jedoch nicht wissen, ist, dass Ascorbinsäure wiederum vier verschiedene stereoisomerische Formen aufweist, von denen nur die L-(+)-Ascorbinsäure biologische Aktivität zeigt [24]. Wie der Name schon sagt, handelt es sich dabei um eine Säure. Im Molekül der L-(+)-Ascorbinsäure bilden vier der sechs Kohlenstoffatome zusammen mit einem Sauerstoffatom den sogenannten Lactonring (siehe dazu Abb. 6). Zusätzlich hängen zwei Hydroxygruppen an den Kohlenstoffatomen mit Doppelbindung, was man als Endiol-Struktur bezeichnet. Des Weiteren

---

[8] Heteroaromat (hier: Benzolring mit einem Stickstoffatom) [16]

sind zwei Alkoholgruppen enthalten. Stabilität erlangt das Molekül durch ein intramolekulares Gerüst aus Wasserstoffbrückenbindungen innerhalb der Endiol-Struktur, die eine Wirkung als Reduktionsmittel ermöglicht und die Eigenschaften des Vitamin C ganz maßgeblich beeinflusst [25]. Deshalb bekämpft Vitamin C als Antioxidans freie Radikale[9] im menschlichen Körper, indem es jenen fehlende Elektronen abspaltet und sie dadurch unschädlich macht [2]. Außerdem wird Vitamin C in sehr hohen Dosen gegen Krebs eingesetzt. Typische Mangelsymptome sind deshalb eine höhere „Anfälligkeit für Infekte, Krebs, Arteriosklerose, Herzinfarkt, [Skorbut,] Demenz und eine Erkrankung der Augen [an] graue[m] Star. [Zusätzlich verzögert sich der Prozess der] Wundheilung [enorm]" (STRUNZ, 2013, S. 182f.). Um dem vorzubeugen, reicht laut Dr. med. Strunz eine tägliche Einnahme von 1000 bis 2000 mg an Vitamin C aus. Man kann beispielsweise zu Sanddorn (~ 450 mg pro 100g), Brokkoli, Rosenkohl (beide ~ 105 mg pro 100g) oder der oftmals als die ´Vitamin-C-Frucht´ betitelten Zitrone (~ 50 mg pro 100g) greifen, um seinen Vitamin C-Bedarf effektiv zu decken (vgl. DUNKELBERG et al., 2012, S. 73). Eine Hypervitaminose ist nahezu ausgeschlossen; lediglich ist zu erwähnen, dass eine hohe Zufuhr an Ascorbinsäure vom Körper nur teilweise genutzt werden kann. So resorbiert und verbraucht der menschliche Organismus bei einer oralen Einnahme von zwölf Gramm Vitamin C nur 16 Prozent (vgl. STRUNZ, 2013, S. 166).

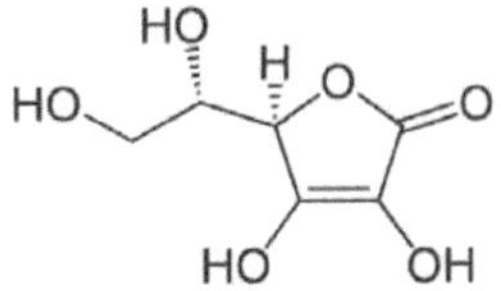

Abb. 6: Vitamin C (L-(+)-Ascorbinsäure)

(STRUNZ, 2013, S. 166)

2.1.4 Vitamin D

Vitamin D ist der Oberbegriff für eine Reihe biologisch aktiver Calciferole. Der biologisch wichtigste Vertreter ist Vitamin D_3, das auch als Cholecalciferol bezeichnet wird. „[D]er Umstand, dass der menschliche Organismus bei ausreichender Sonnenlicht[bestrahlung] in der Lage ist, diese lebensnotwendige Verbindung vollständig und in ausreichendem Maße selbst zu bilden, macht das Vitamin D zu einem Ausnahmefall" (HAHN, 2016, S. 169). Denn laut Definition sind Vitamine essentielle Stoffe. Deshalb „ist [Vitamin D] nach neuerem Verständnis nicht den Vitaminen, sondern den Hormonen zuzurechnen" (BIERBACH, 2002, S. 715). Vitamin D wirkt als Prohormon[10] für das bedeutungsvolle Hormon Calcitriol. Die Biosynthese des Cholecalciferols gelingt dem Körper durch die von UV-Licht begünstigte Umsetzung des Cholesterins. Die chemische Struktur, die das

---

[9] reaktionsfreudige Atome oder Moleküle mit mindestens einem ungepaarten Valenzelektron [11]
[10] Vorstufe eines Hormons

Molekül dabei erlangt, beinhaltet viele Strukturelemente des Sterins[11], von dem es sich auch herleitet. So ist Vitamin D „polyzyklisch[]", das heißt, es weist „mehrere[] Atomringe[]" auf [21]. Zusätzlich spiegeln sich auch die „Ringe A, C und D des Sterins" wider, wobei der „[Ring B] zu einer Kette [aus] Doppelbindungen modifiziert ist" [20]. Das C_3-Atom trägt wie sein Strukturverwandter auch eine Hydroxygruppe (siehe dazu Abb. 7). Trotz der Fähigkeit des Organismus, Vitamin D herzustellen, können Mangelerscheinungen auftreten. Dies sei laut Dr. med. Strunz besonders oft im Winter der Fall, wenn die „direkte Einwirkung des Sonnenlichts" fehlt (vgl. STRUNZ, 2013, S. 213). Aufgrund dessen kann es unter anderem zu Krämpfen durch Kalziummangel, einem höheren Risiko für Knochenbrüche und Muskelschmerzen kommen. Bei Kindern tritt besonders häufig Rachitis auf. Deshalb sollte man zusätzlich zu externen Cholecalciferol-Quellen greifen, um eine Hypovitaminose zu verhindern. Dazu bieten sich besonders fettreiche Fische wie Räucheraal, Lachs oder Thunfisch (~ 21,0/ 16,0/ 5,0 µg pro 100g), Avocado (~ 3,4 µg pro 100g) oder Rinderleber (~ 1,7 µg pro 100g) an. Zu beachten ist dabei jedoch, dass durch eine ausgewogene Ernährung meist nur 10 - 20 % des täglichen Bedarfs (50-100 µg) erreicht werden; die Sonnenbestrahlung ist also unerlässlich. Wer jedoch beispielsweise durch Vitamin D-Präparate zu viel zu sich nimmt, gerate in Gefahr, „unerwünschte Nebenwirkungen" zu erleiden, die „sogar tödlich wirken" könnten (vgl. STRUNZ, 2013, S. 227).

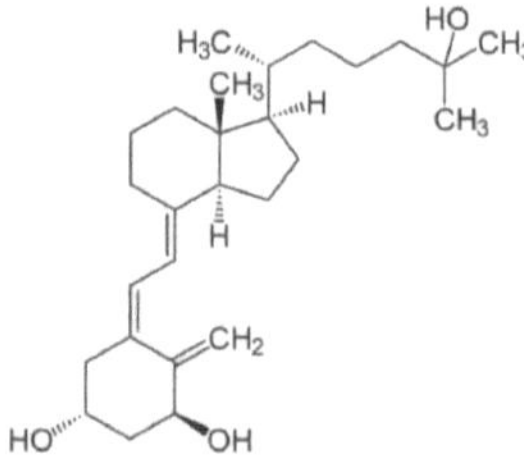

Abb. 7: Vitamin D₃ (Cholecalciferol)
(STRUNZ, 2013, S. 213)

2.1.5 Vitamin E

Unter die Bezeichnung Vitamin E fallen acht Wirkstoffe, deren „kleine Unterschiede in der Zusammensetzung der Moleküle [...] zu unterschiedlicher Reaktionsfreudigkeit [führen]" (STRUNZ, 2013, S. 185). Die bekannteste Vitamin E-Verbindung ist α-Tocopherol, die zugleich am besten erforscht ist. Wie Vitamin C hat auch dieser Stoff eine wichtige Funktion als Antioxidans. Besonders daran ist, dass sich diese beiden Vitamine gegenseitig unter Einfluss von Sauerstoff ´recyceln´ können, wenn das jeweils andere aufgrund der Reaktion mit einem Radikal ein Elektron benötigt. Dies macht nochmals deutlich, wie wichtig eine Versorgung des Menschen mit allen Vitaminen ist. Molekulare Grundstruktur des Vitamin E bildet ein hydroxylierter Chromanring[12],

---

[11] Membranlipid
[12] Verbindung aus Benzolring und Dihydropyran

dessen dreimalige Methylierung die Struktureigenschaften des α-Tocopherols hervorruft [12]. Zusätzlich stellt ein langer Alkylrest die Seitenkette dar (siehe dazu Abb. 8). Neben der wohl wichtigsten Funktion des Vitamin E als Antioxidans schützt es die „Zellmembranen [und wirkt beim] Abbau ungesättigter Fettsäuren [mit]" (BIERBACH, 2002, S. 715). Außerdem dämmt es Alzheimer, „Diabetes, Krebs [und] Schlaganfall" ein (STRUNZ, 2013, S. 196). Bei einem jahrelangen Vitamin E-Mangel erhöhe sich laut Dr. med. Strunz außerdem die Anfälligkeit für „Arteriosklerose, Demenz, Rheuma [oder] Arthritis" (vgl. ebd.). Um diese unliebsamen Folgen einer Hypovitaminose zu verhindern, sollte täglich eine Menge von 100 bis 400 mg an Vitamin E aufgenommen werden. Besonders viel dieses Stoffs lässt sich in pflanzlichen Ölen (z.B. Weizenkeimöl (~150 mg pro 100 g)), Haselnüssen (~ 25 mg pro 100 g) oder Garnelen (~ 3,5 mg pro 100 g) nachweisen. Die Gefahr einer Überdosis ist sehr gering, da es „kein typisches Speicherorgan [gibt]" [10].

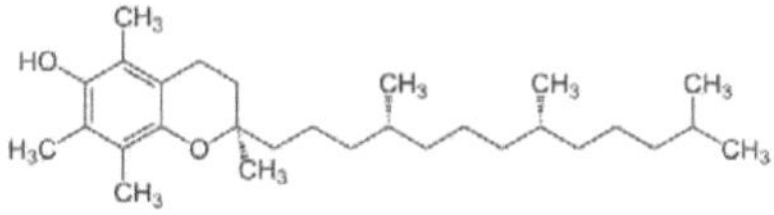

Abb. 8: Vitamin E (α-Tocopherol)
(STRUNZ, 2013, S. 185)

8

2.2 Unterschied zwischen fett- und wasserlöslichen Vitaminen

Bei aller bisher geschilderten Diversität der Vitamine ist es doch möglich, diese Stoffe in zwei Gruppen zu untergliedern. Man grenzt sie dazu nach dem Parameter der Löslichkeit voneinander ab. So unterscheidet man fett- und wasserlösliche Vitamine.

Zu den lipophilen Vitaminen, wie die Fettlöslichkeit fachsprachlich ausgedrückt wird, gehören neben Vitamin A auch Vitamin D, E und K, auf welches letztere hier aber nicht genauer eingegangen worden ist. Der Grund für diese Fettlöslichkeit liegt wohl in der Größe der Verbindungen und im Verhältnis des polaren Molekülteils zum unpolaren. Bei α-Tocopherol beispielsweise nimmt die unpolare Seitenkette einen ziemlich großen Teil des Gesamtmoleküls ein. Deshalb wird der polare Einfluss der Hydroxygruppe nahezu aufgehoben. Dies wiederum bewirkt, dass fettlösliche Vitamine vom Körper nur gespeichert werden können, wenn ausreichend fetthaltiges Gewebe zur Verfügung steht. Oftmals werden sie in der deshalb Leber angereichert und wirken in fettigen Milieus, zum Beispiel in Zellwänden oder Muskelfasern. Diese begrenzte Speicherungsfähigkeit stelle laut Dr. med. Strunz einen Nachteil dar, indem es dadurch leicht zu Überversorgungen kommen könne, weil der Organismus nicht in der Lage sei, den Überschuss auszuscheiden (vgl. STRUNZ, 2013, S. 22). Die Aufnahme lipophiler Vitamine kann man dem Körper erleichtern, indem man sie mit Fetten zu sich nimmt, wie durch einen mit Öl angemachten Salat.

Anders als bei den fettlöslichen Vitaminen hat der Körper bei hydrophilen, also wasserlöslichen, Vitaminen keine Möglichkeit, diese zu speichern. Das liegt wiederum an dem Einfluss des polaren Teils auf den Rest des Vitaminmoleküls. Bestätigt wird dies beispielsweise durch Vitamin C, das sehr viele Hydroxygruppen und im Vergleich dazu nur einen kleinen Alkylrest, dessen Unpolarität sich kaum auf die Löslichkeit auswirkt, trägt. Deshalb sind Ascorbinsäure und alle Vertreter der B-Gruppe hydrophil, was den Vorteil mit sich bringt, dass eine Hypervitaminose nahezu ausgeschlossen ist, da der Körper einen Überschuss durch die Nieren aus dem Blut filtert und anschließend über den Urin ausscheidet. Doch gerade hierin sieht Dr. med. Strunz auch einen Nachteil: Der menschliche Organismus „brauch[e] daher permanent Nachschub", um seinen Vitaminhaushalt aufrechtzuerhalten (vgl. STRUNZ, 2013, S. 19).

2.3 Entstehung des Vitaminverlusts

Wie kann man aber eine Weiterverarbeitung der Lebensmittel durchführen, ohne eine übermäßige Zerstörung der so wichtigen Vitamine herbeizuführen? Anhand dieser Frage soll nun auf Folgen der Lagerung und gängiger Verarbeitungsmethoden auf den Vitamingehalt verschiedener Nahrungsmittel eingegangen werden. Dabei wird sich hauptsächlich auf Vitamin B_1, B_2 und C beschränkt.

2.3.1 Lagerung

Da es unmöglich ist, alle Lebensmittel sofort zu verbrauchen, ist eine Lagerung im Supermarkt oder in der heimischen Speisekammer unabdingbar. Doch schon dabei beginnt der Prozess des Vitaminverlusts. Hierbei muss zwischen Lagerung bei Temperaturen oberhalb von 0 °C und Tiefgefrierlagerung unterschieden werden.

2.3.1.1 Lagerung bei Temperaturen oberhalb von 0 °C

Zuerst soll auf die Lagerung bei positiven Temperaturen eingegangen werden. Laut Dr. Bognár würden neben der Temperatur aber auch Sauerstoffgehalt oder Luftfeuchtigkeit „die Geschwindigkeit der biochemischen und chemischen Abbauprozesse" geringfügig beeinflussen (vgl. BOG-NÁR, 1995/9, S. 413). „So werden die Oxidationsreaktionen [...] für Vitamin C-Abbau in dem für die Lagerung von frischen Obst und Gemüse relevanten Temperaturbereich (0 bis 30 °C) durch 10 °C Temperaturerhöhung um den Faktor 2 bis 3 beschleunigt" (ebd.).

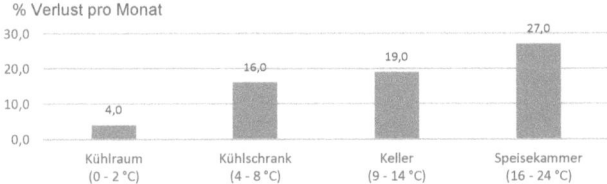

Abb. 9: Vitamin C-Verluste bei Lagerung von Weißkohl bei Normalluft (rF[13] = 50 – 75 %) in Abhängigkeit von der Lagertemperatur (nach BOGNÁR, 1995/9, S. 414)

In Abbildung 9 ist am Beispiel des Weißkohls zu erkennen, dass sich mit steigender Temperatur auch der prozentuale Vitamin C-Verlust erhöht. Dies ist laut Dr. Bognár dadurch zu erklären, dass beim „Aufbewahren von Gemüse im Temperaturbereich von 16 bis 25 °C" die Stoffwechselvor-

---

[13] relative Luftfeuchte um das Lebensmittel

gänge wie beispielsweise die des Verwelk-Prozesses stärker beschleunigt werden als bei Temperaturen knapp über 0 °C (vgl. ebd.). An dieser Stelle ist zu erwähnen, dass bei den Untersuchungen eine Verpackung der Lebensmittel mit PE-Beuteln bei rF^{15} = 80 – 98% weitaus geringere Vitamin C-Verluste ergeben hat. Dies geht, wie Dr. Bognár schreibt, darauf zurück, dass die Verluste, „bedingt durch den durch Verwelken verursachten physiologischen Stress, zwei- bis dreimal so groß" seien, wenn eine niedrige relative Luftfeuchte vorliegt (vgl. BOGNÁR, 1995/9, S. 413). Hierbei müsse man aber darauf achten, dass auch „die Gefahr des mikrobiologischen Verderbs bei hoher Luftfeuchtigkeit durch Schimmelbildung" sehr groß werde (vgl. ebd.).

„Nach den vorliegenden Befunden nahm der Gehalt an den Vitaminen B_1 und B_2 [...] in grünen Bohnen, [...], Möhren, [...] sowie rohem Fleisch während 7- bis 14tägiger [sic] Lagerung bei 1,5 und 10 °C nicht oder nur geringfügig ab" (ebd. S. 414). Es trat je nach Lebensmittelart ein Verlust an Thiamin und Riboflavin in Höhe von 0,1 bis 4,4 Prozent ein. „Eine luftdichte Verpackung verminderte die Verluste deutlich" (ebd.). Bei fettlöslichen Vitaminen betrugen die Verluste in gebratener Leber rund 14 Prozent pro Tag bei 2 bis 3 °C Lagerung. Die Wissenschaft ist sich noch nicht einig, warum der Verlust im Vergleich hier so hoch ausfällt.

2.3.1.2   Tiefgefrierlagerung

Nun sollen Reduzierungen des Vitamingehalts in Folge einer Tiefkühlung der Lebensmittel unter -18 °C betrachtet werden. Dies soll anhand der Tiefgefrierlagerung von Obst und Gemüse untersucht werden, wobei Vitamin C- Verluste im Vordergrund stehen (siehe dazu Abb. 10).

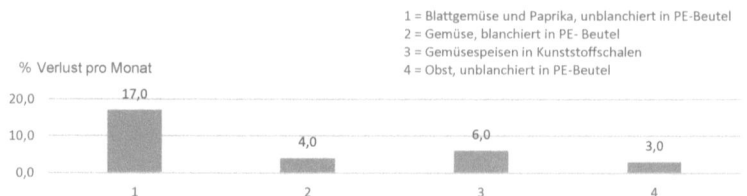

Abb. 10: Vitamin C-Verluste bei der Tiefgefrierlagerung (-18 °C) von Obst und Gemüse (nach BOGNÁR, 1995/9, S. 415)

Aus obiger Abbildung geht hervor, dass die höchsten Vitamin C-Verluste mit 17 Prozent pro Monat in nicht blanchiertem Gemüse festgestellt wurden. „Wurde[... das] Gemüse blanchiert [...], so erniedrigten sich die Verluste auf 0,5 bis 5 Prozent pro Monat [im Mittel]" (BOGNÁR, 1995/9, S. 415). Dieser hohe Verlust in unblanchiertem Gemüse deute nach Aussage von Dr. Bognár darauf hin, dass die „pflanzeneigenen Oxidaseenzyme auch bei tiefen Temperaturen wirksam bleiben" (vgl. ebd.). „Zur Verminderung [dieser] enzymatisch bedingten Veränderungen […] werden deshalb die meisten Gemüsearten vor dem Tiefgefrieren blanchiert" (ebd.). Zusätzlich fallen die geringen Vitamin C-Verluste in unblanchiertem Obst auf. Dies liege laut Dr. Bognár „a[m] durch den hohen Fruchtsäuregehalt bedingten niedrigen pH-Wert[]", der „einen enzymatischen Abbau von Vitamin C" verhindere (vgl. ebd.).

2.3.2 Blanchieren und Waschen

Das Blanchieren verringert also den Vitaminverlust während der Tiefgefrierlagerung enorm, weil durch die hohen Temperaturen die Abbauenzyme wie beispielsweise Ascorbinsäureoxidase[14] laut Schlieper inaktiviert würden (vgl. SCHLIEPER, 2010, S. 282). Leider werden aber beim Blanchieren selbst sehr viele Vitamine während des Wasserbads ausgewaschen, wie in Abbildung 11 dargestellt wird. Dabei ist anzumerken, dass ein Blanchieren mit Dampf besser ist, da die Lebensmittel dadurch nur oberflächlich mit Wasser in Kontakt kommen. Folglich werden die Vitamine kaum ausgewaschen und es geht nur ein minimaler Anteil verloren.

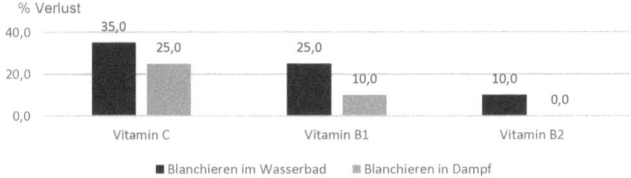

Abb. 11: Vitaminverluste beim Blanchieren von Gemüse (nach BOGNÁR, 1995/9, S. 416)

Derartige Auslaugverluste treten ebenfalls beim in Großküchen häufig angewandten Wässern von Lebensmitteln auf. Ein kurzes Abwaschen der rohen, unzerkleinerten Lebensmittel verursache dagegen laut Dr. Bognár keine nennenswerten Verluste (vgl. BOGNÁR, 1995/10, S. 478). „Die Auslaugverluste an Ascorbinsäure schwankten nach 15 Minuten Wässern je nach Gemüseart und Zerkleinerungsgrad zwischen zwei und 30 [Prozent]. […] Die Thiaminverluste waren nach [dieser Zeit] relativ gering, stiegen jedoch nach [einer Vergrößerung der Wässerungszeit auf] 60 Minuten bis auf 20 [Prozent] an" (ebd.). Der Zerkleinerungsgrad spielt insofern mit in die Verlustrate hinein, da zum einen durch eine größere Oberfläche der Einfluss von Luftsauerstoff, Licht und Wasser erhöht wird. Zum anderen zerstört das starke Zerschneiden der Lebensmittel die Zellen und es

---

[14] hauptverantwortlich für Vitamin C-Abbau

tritt deren Saft, worin viele Abbauenzyme enthalten sind, aus. Nach Meinung Schliepers kämen dadurch die sonst in Zellen isolierten Enzyme direkt mit den Vitaminen in Kontakt, wodurch die Abbaurate steige (vgl. SCHLIEPER, 2010, S. 282).

2.3.3 Gartechniken

Da viele Lebensmittel im Rahmen der Zubereitung gegart werden müssen, befasst sich der folgende Teil der Arbeit nun mit Vitaminverlusten, die durch verschiedene Garverfahren verursacht werden.

Die größten Verluste treten beim Kochen (35%), Dünsten (25%) und Dämpfen (20%) von Gemüse auf. „Die höheren Verluste beim Kochen sind ausschließlich auf die größeren Auslaugverluste durch das Wasser zurückzuführen. Wird der Gehalt in der Garflüssigkeit mit berücksichtigt", so sei laut Dr. Bognár zu erkennen, dass die „mittleren Abbauverluste von Ascorbinsäure etwa in der gleichen Größenordnung" lägen (~20 %) (vgl. BOGNÁR, 1995/10, S. 479). Gare man jedoch Kohlarten und einige Obstsorten in Wasser, so „wurden im Vergleich zu anderen pflanzlichen Lebensmitteln nahezu doppelt so hohe Vitamin C-Verluste festgestellt" (ebd.). Diese relativ starken Abweichungen beim Garen seien „vorwiegend durch die Länge der Gardauer und den Gehalt an Oxidationsenzymen" der Obst- und Gemüsearten erklärbar. Außerdem hänge die Abbaugeschwindigkeit noch von anderen Faktoren wie beispielsweise Mineralstoffanteil und pH-Wert des Gemüses und Obsts ab (vgl. ebd. S. 479f.).

Doch auch die Abnahme des B_1-Vitamins in pflanzlichen Lebensmitteln beim Kochen ist nicht zu verachten. Dies liegt ähnlich dem Vitamin C an der Wasserlöslichkeit dieses Vitamins, wodurch es sehr schnell in das Kochwasser ausgewaschen wird (siehe dazu Abb. 12).

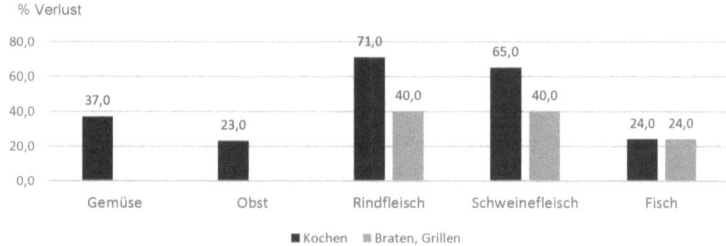

Abb. 12: Vitamin B_1-Verluste beim Garen verschiedener Lebensmittel (nach BOGNÁR, 1995/10, S. 481f.)

Weitere, häufig praktizierte Techniken stellen das Braten und Grillen dar, die hauptsächlich zum Garen von Fleisch und Fisch genutzt werden. Hierbei büßt man neben Ascorbinsäure vor allem das Vitamin B₁ ein (siehe dazu Abb. 12). „Als Erklärung für den geringeren Abbau beim Braten im Vergleich zum Kochen [...] kann aufgeführt werden, dass für Braten gewöhnlich zartere und bindegewebsarme Fleischstücke verwendet werden, die eine kürzere Gardauer erfordern, um den gewünschten Gargrad zu erreichen" (ebd., S. 482). So ist das Fleisch der Hitze nicht so lange ausgesetzt, wie es beim Dünsten der Fall wäre. Dementsprechend erziele man beim Braten von Fleisch bis zum Garzustand ´Medium´ (Kerntemperatur rund 65 °C) eine deutlich bessere Thiamin-Erhaltung als beim Braten bis zur Vollgare (vgl. ebd.). Die Verluste bei Vitamin B₂ fallen etwas geringer aus als bei B₁. Dies hängt mit der Thermostabilität des Riboflavins zusammen, sodass Verluste lediglich durch Auswaschung und Photolyse[15] entstehen. Man bewegt sich hier bei Fleisch bei circa 58 Prozent Abnahme und bei Gemüse bei rund 33 Prozent (aus: BOGNÁR, 1995/11, S. 552, Abb. 28).

2.3.4 Chemische Gründe für Vitaminverlust

Wie schon angedeutet, ist Vitamin C sehr sauerstoffempfindlich, da es leicht oxidierbar ist. Damit geht eine Hitzeempfindlichkeit einher, die die Oxidationsreaktionen durch Ascorbinsäureoxidase katalysiert und damit beschleunigt. Es kommt beim Abbau von Vitamin C zu folgenden Reaktionen:

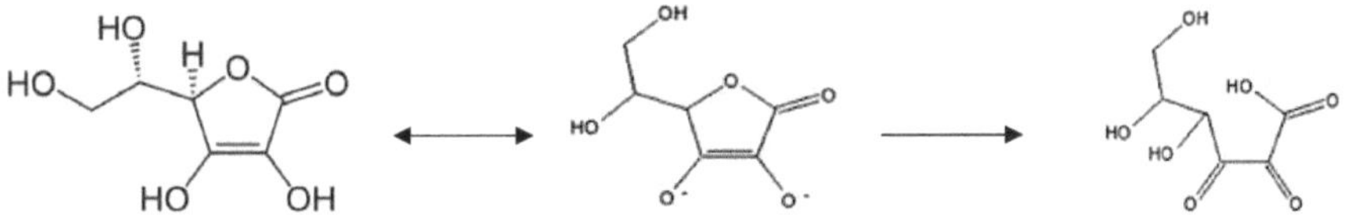

| Ascorbinsäure | Dehydroascorbinsäure[16] | Diketogulonsäure[16] |

Anhand dieser Gleichungen kann man erkennen, auf welche Weise Vitamin C zerfällt. Zuerst reagiert es zu Dehydroascorbinsäure, die wie Vitamin C biologische Aktivität aufweist. Ascorbinsäure ist in der Lage, sich aus Dehydroascorbinsäure zu regenerieren. Im nächsten Schritt reagiert Dehydroascorbinsäure zu Diketogulonsäure. Diese Reaktion sei laut Szultka irreversibel, was dazu führt, dass das einstige Vitamin C nun vom Organismus nicht mehr genutzt werden kann (vgl. SZULTKA, 2014, S. 588). An dieser Stelle sei erwähnt, dass es weitere Abbauwege des Vitamin C wie die Maillard-Reaktion gibt, deren genauen Ablauf die Wissenschaft aber noch nicht kennt [9].

---

[15] durch Licht katalysierter Abbau eines Stoffes
[16] SZULTKA, 2014, S. 589

Doch auch Vitamin B_2 ist lichtempfindlich. Wird es einer zu hohen Dosis an Licht ausgesetzt, kommt es zur Photolyse. Die nachfolgende Abbildung stellt das Schema dieser Zersetzung des Riboflavins dar.

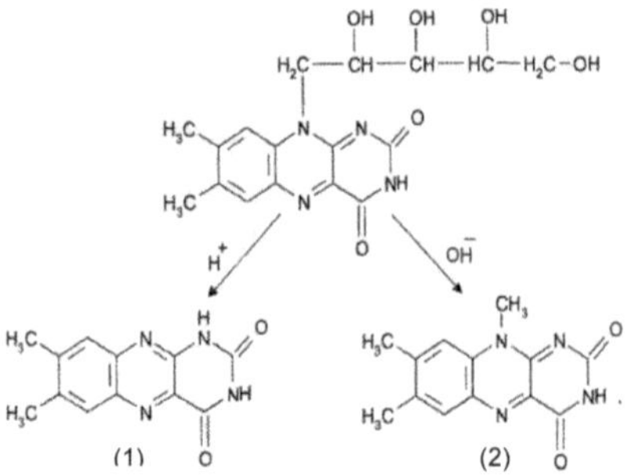

Abb. 13: Photolyse des Riboflavins[17] [27]

Unter Einfluss von Licht setzt sich die Analyse des Riboflavins in Gang. Dabei entsteht entweder Lumichrom (1) oder Lumiflavin (2) [1]. Die erste Reaktionsmöglichkeit tritt unter Sonnenlichtein-wirkung bei sauren Bedingungen ein, wobei die vollständige Ribitylseitenkette abgespalten wird. Zur Bildung des Lumiflavins hingegen kommt es in alkalischem Milieu, wenn die Seitenkette unter Verbleib einer Methylgruppe vom Restmolekül getrennt wird. Beide Stoffe weisen keinerlei posi-tive biologische Aktivität auf [6]. Im Gegenteil, Lumiflavin kann unter Umständen sogar toxisch wirken.

---

[17] das jeweilige Abspaltungsprodukt (Ribitylseitenkette-Rest) wird in dieser Abbildung vernachlässigt

3 Nachwort

Als Quintessenz dieser Ausführungen kann festgehalten werden, dass es keine Möglichkeiten gibt, einen Verlust der lebensnotwendigen Vitamine vollständig zu verhindern. Dieser beginnt – wie im Verlauf dieser Arbeit aufgezeigt – bereits mit der Lagerung der Lebensmittel und setzt sich in der Weiterverarbeitung aufgrund der Einwirkung von Licht, Sauerstoff, Hitze und anderen Parametern fort. Auch die durch das Zerkleinern entstehende größere Oberfläche und ein Austreten des Zellsafts verstärken das Phänomen des Vitaminverlusts.

Es gibt jedoch einige Hinweise, bei deren Beachtung eine übermäßige Reduzierung des Vitamingehalts abgewendet werden kann. So empfiehlt es sich laut Schlieper, die Nahrungsmittel kühl und dunkel, am besten abgedeckt, zu lagern. Auch sei es sinnvoll, die „Lebensmittel unzerkleinert und ungeschält [zu] waschen", da durch die ansonsten größere Oberfläche Wasser leichter eindringen könne und es somit zu einem höheren Nährstoffverlust komme (vgl. SCHLIEPER, 2010, S. 283). Des Weiteren sollten Lebensmittel ungeschält verzehrt werden, da sich viele Vitamine direkt unter der Schale befänden. Manchmal sei ein Schälen allerdings notwendig, um den Schadstoffgehalt zu verringern. Außerdem sollte man die „Lebensmittel erst kurz vor der Weiterverarbeitung zerkleinern" (ebd.). Beim Kochen sei darauf zu achten, die Lebensmittel in nahezu siedende Flüssigkeiten zu geben, da sich bei kaltem Wasser die Garzeit deutlich verlängere und so höhere Verluste aufträten. Einen besonderen ´Geheimtipp´ sieht Schlieper in der Garnierung von fertigen Speisen mit frischen Kräutern und Zitronensaft, da diese äußerst reich an Vitamin C seien (vgl. SCHLIEPER, 2010, S.285). Diesem kann Dr. Bognár noch hinzufügen, dass es nützlich sei, Lebensmittel, vor allem aber Fleisch, „bei hoher Temperatur an[zu]garen", da sich so die Poren möglichst schnell schließen und dadurch kaum Saft austritt, welcher wiederum wichtige Nährstoffe enthält (BOGNÁR, 1995/11, S. 554).

Beachtet man all diese Hinweise, ist es gut realisierbar, den Vitaminverlust auf ein Minimum zu reduzieren und sich so nachhaltig gesünder zu ernähren.

4 Literaturverzeichnis

4.1 Primärquellen

1) Bierbach, E., NATURHEILPRAXIS HEUTE. Lehrbuch und Atlas, München 2. Auflage 2002, S. 715;

2) Bognár, Dr. A., Vitaminverluste bei der Lagerung und Zubereitung von Lebensmitteln, aus: Ernährung/Nutrition, Vol. 19 / Nr. 9, o. O. 1995, S. 413 - 416;

3) Bognár, Dr. A., Vitaminverluste bei der Lagerung und Zubereitung von Lebensmitteln, aus: Ernährung/Nutrition, Vol. 19 / Nr. 10, o. O. 1995, S. 478 - 482;

4) Bognár, Dr. A, Vitaminverluste bei der Lagerung und Zubereitung von Lebensmitteln, aus: Ernährung/Nutrition, Vol. 19 / Nr. 11, o. O. 1995, S. 552, 554;

5) Dunkelberg et al., Vitamine und Spurenelemente, Bedarf, Mangel, Hypervitaminosen und Nahrungsergänzung, Weinheim 1. Auflage 2012; Titelseite; S. 73;

6) Hahn et al., Prof. Dr. A., Ernährung. Physiologische Grundlagen, Prävention, Therapie, Stuttgart 3. Auflage 2016, S. 159; 169;

7) Schlieper, C. A., Grundfragen der Ernährung, Hamburg 2010, S. 282f.; 285;

8) Strunz, Dr. med. U., vitamine, München 2013, S. 15; 19; 22; 126; 128; 132ff.; 145; 148f.; 166; 182f.; 185; 196; 201; 203; 210; 213; 227;

9) Szultka et al., M., Determination of ascorbic acid and its degradation products by high-performance liquid chromatography-triple quadrupole mass spectrometry; Danzig 2014, S.588f.;

10) Töpel, A., Chemie und Physik der Milch, Hamburg 2015, S. 335;

4.2 Internetquellen

[1] Albus et al., Dr. C., Riboflavin; in: http://www.spektrum.de/lexikon/ernaehrung/riboflavin/7628; Absatz 2; Zugriff am 17.09.2017; 10:01;

[2] Barkhoff, S. und N., Antioxidantien und freie Radikale, in: https://www.original-bootcamp.com/blog/antioxidantien-und-freie-radikale.html; Absatz: „Antioxidantien als Retter in der Not"; Zugriff am 17.08.2017; 16:48;

[3] Gasteiner, Prof. Dr. J., FAD, in: http://www2.chemie.uni-erlangen.de/projects/vsc/chemie-mediziner-neu/vitamine/vitb202.html; Zugriff am 14.08.2017; 18:05;

[4] Grospietsch, Prof. Dr. med. G., Thiamin (Vitamin B1), in: http://www.vitalstoff-lexikon.de/Vitamin-B-Komplex/Thiamin-Vitamin-B1-/; Absatz: 2; Zugriff am 11.08.2017; 11:24;

[5] Helmich, U., Coenzym, in: http://www.u-helmich.de/bio/lexikon/C/coenzym.html; Absatz 1; Zugriff am 13.08.2017; 11:26;

[6] Heseker, Prof. Dr. H.; Stahl, Dipl.-Oecotroph. A., Vitamin B_2 (Riboflavin), Ernährungs Umschau 10/08, in: https://www.ernaehrungs-umschau.de/fileadmin/Ernaehrungs-Umschau/pdfs/pdf_2008/10_08/EU10_618_623.qxd.pdf; S. 618; Zugriff am 17.09.2017; 11:36;

[7] Kakashi-Madara, Eigenes Werk, Gemeinfrei, in: https://commons.wikimedia.org/w/index.php?curid=11888276; Zugriff am 10.08.2017, 16:08;

[8] Knecht, S., Pteridin, in: http://www.chemie.de/lexikon/Pteridin.html; Zugriff am 13.08.2017; 13:28;

[9] Knecht, S., Vitamin C auf Abwegen, in: http://www.chemie.de/news/142413/vitamin-c-auf-abwegen.html; Absätze 3 und 4; Zugriff am 13.09.2017; 22:00;

[10] Kolisch, N., Vitamin E (Tocopherol), in: https://www.netdoktor.at/laborwerte/vitamin-e-8515; Absatz: „Überdosierung von Vitamin E (Hypervitaminose)"; Zugriff am 24.08.2017; 16:40;

[11] Könneker, Prof. Dr. C., freie Radikale, in: http://www.spektrum.de/lexikon/biologie/freie-radikale/25601; erster Satz; Zugriff am 17.08.2017; 16:24;

[12] Könneker, Prof. Dr. C., Vitamin E, in: http://www.spektrum.de/lexikon/chemie/vitamin-e/9811; Zugriff am 24.08.2017; 16:18;

[13] Krause, D., Was sind Vitamine? – Definition , in: http://www.vitamine-lexikon.de/vitamin-definition.shtml; Absatz 2; Zugriff am 10.08.2017; 15:44;

[14] Lippold, Dr. B., Derivat (Chemie), in: http://www.chemie.de/lexikon/Derivat_%28Chemie%29.html; erster Satz; Zugriff am 10.08.2017; 15:57;

[15] Lippold, Dr. B., Flavinmononukleotid in: http://www.chemie.de/lexikon/Flavinmononukleotid.html; Zugriff am 14.08.2017; 18:07;

[16] Lippold, Dr. B., Heteroaromaten, in: http://www.chemie.de/lexikon/Heteroaromaten.html; Vorwort; Zugriff am 16.08.2017; 13:33;

[17] Lippold, Dr. B., Pyridoxalphosphat, in: http://www.chemie.de/lexikon/Pyridoxal phosphat.html; Vorwort; Zugriff am 16.08.2017; 13:17;

[18] Massholder, F., Vitamin B6, Pyridoxin, Pyridoxamin, Pyridoxal, in: https://www.lebensmit tellexikon.de/v0000150.php; Absatz 1; Zugriff am 16.08.2017; 13:46;

[19] Möseneder, J., Kolter, T., Riboflavin, in: https://roempp.thieme.de/roempp4.0/do/data/RD-18-01317#article-about; Zugriff am 13.08.2017; 12:06;

[20] Müllner, F., Calciferol, in: http://flexikon.doccheck.com/de/Calciferol#Struktur; Absatz: „2 Struktur"; Zugriff am 18.08.2017; 12:37;

[21] Müllner, F., polyzyklisch, in: http://flexikon.doccheck.com/de/Polyzyklisch; Zugriff am 18.08.2017; 12:33;

[22] Schott, A.-K., Biochemische und strukturelle Charakterisierung von Enzymen der Riboflavin und Folsäurebiosynthese, in: https://mediatum.ub.tum.de/doc/601317/601317.pdf; Absatz: „1.1 Riboflavin"; S.1; Zugriff am 13.08.2017; 13:59;

[23] Stanka, T., Acerola – Die Vitamin C-Powerfrucht, in: http://www.zeitung.de/gesund heit/ernaehrung/superfoods/acerola/; Absatz: „DIE VERWENDUNG DER ACEROLA FRUCHT [sic]"; Zugriff am 10.08.2017; 11:44;

[24] Steinbach, S., Historisches und chemische Eigenschaften von Vitamin C, in: http://www.che mgapedia.de/vsengine/vlu/vsc/de/ch/3/anc/vitamin_c/allgemeines_und_chemie.vlu.html; Absatz: „Stereoisomerie"; S. 11; Zugriff am 17.08.2017; 15:26;

[25] Steinbach, S., Historisches und chemische Eigenschaften von Vitamin C, in: http://www. chemgapedia.de/vsengine/vlu/vsc/de/ch/3/anc/vitamin_c/allgemeines_und_che mie.vlu/ Page/vsc/de/ch/3/anc/vitamin_c/2_chemie/2_1_struktur/struktur_m87ht0801.vscml.html; Absatz: „Struktur des Vitamin C"; S. 10; Zugriff am 17.08.2017; 16:32;

[26] Wiechoczek, D., Wie viel „Amin" steckt eigentlich in Vitaminen?, in: http://www.chemieun terricht.de/dc2/nh3/vitamin.htm; Absatz 2; Zugriff am 10.08.2017; 16:02;

[27] Quality analysis of medical drugs from the vitamins group of heterocyclic row, in: http://intra net.tdmu.edu.ua/data/kafedra/internal/pharma_2/classes_stud/en/pharm/prov_pharm/ptn/ pharmaceutical%20chemistry/4%20course/36.%20quality%20analysis%20of%20medical %20drugs%20from%20the%20vitamins%20group%20of%20heterocyclic%20row.htm; Absatz: „Identification of riboflavin"; Zugriff am 16.09.2017; 11:53;